英国数学真简单团队/编著　华云鹏 刘舒宁/译

DK儿童数学分级阅读 第二辑

测量

数学真简单！

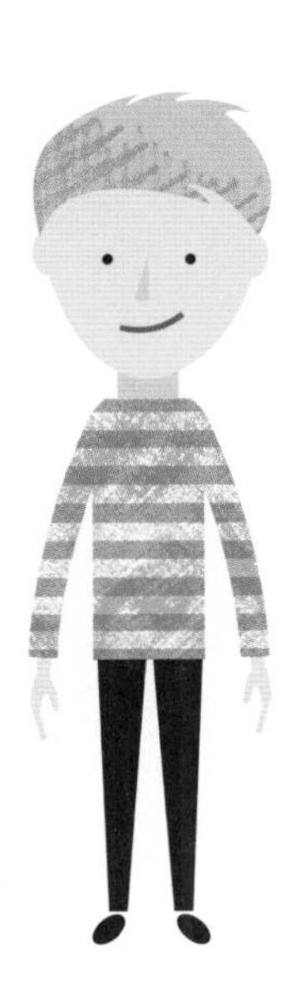

電子工業出版社
Publishing House of Electronics Industry
北京 · BEIJING

Original Title: Maths—No Problem! Measuring, Ages 5–7 (Key Stage 1)

版权贸易合同登记号　图字：01-2024-1630

图书在版编目（CIP）数据

DK儿童数学分级阅读. 第二辑. 测量 / 英国数学真简单团队编著；华云鹏，刘舒宁译. --北京：电子工业出版社，2024.5
ISBN 978-7-121-47659-4

Ⅰ. ①D… Ⅱ. ①英… ②华… ③刘… Ⅲ. ①数学－儿童读物 Ⅳ. ①O1-49

中国国家版本馆CIP数据核字（2024）第070452号

出版社感谢以下作者和顾问：Andy Psarianos, Judy Hornigold, Adam Gifford和Anne Hermanson博士。
已获Colophon Foundry的许可使用Castledown字体。

责任编辑：董子晔
印　　刷：鸿博昊天科技有限公司
装　　订：鸿博昊天科技有限公司
出版发行：电子工业出版社
　　　　　北京市海淀区万寿路173信箱　　邮编：100036
开　　本：889×1194　1/16　印张：18　　字数：303千字
版　　次：2024年5月第1版
印　　次：2024年11月第2次印刷
定　　价：128.00元（全6册）

凡所购买电子工业出版社图书有缺损问题，请向购买书店调换。若书店售缺，请与本社发行部联系，联系及邮购电话：（010）88254888，88258888。
质量投诉请发邮件至zlts@phei.com.cn，盗版侵权举报请发邮件至dbqq@phei.com.cn。
本书咨询联系方式：（010）88254161转1865，dongzy@phei.com.cn。

www.dk.com

目录

用米作单位量长度

第1课

准 备

拉维是如何测量桌子长度的？

举 例

拉维用一根米尺来测量桌子长度。

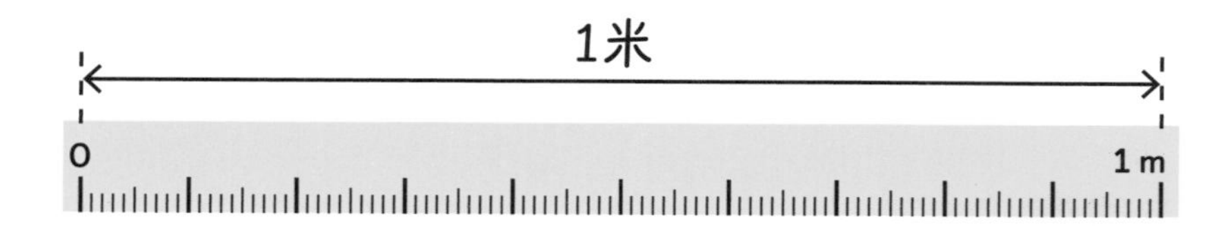

这是一根1米长的米尺，这张桌子的长度正好是1米。我们还可以测量周围物体的长度。

米是长度的单位，一米用1m来表示。

咖啡桌

餐桌

练习

1 向爸爸妈妈借一个卷尺，然后找一找家里长度大于1米和小于1米的物体。在测量之前先试着猜一猜它们的长度。

将测量结果填入表格。

大于1米	小于1米

2 让爸爸妈妈帮你量一量身高。

我的身高 ☐ （小于/大于）1米。

3 你认为一栋两层楼的房子有多少米高？

我认为一栋两层楼的房子有 ☐ 米高。

用厘米作单位量长度

第2课

准 备

我们可以用什么工具来测量较短的东西?

举 例

我们可以用一把尺子来测量较短的东西。

这是一把厘米尺，它大约有15厘米长。

厘米可写作cm。

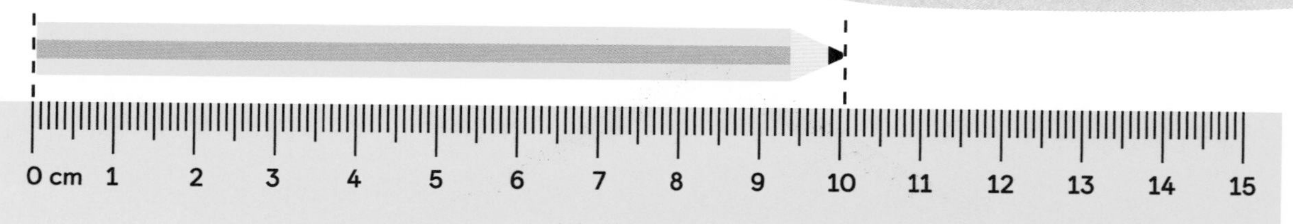

这支铅笔的长度是10厘米。

要将待测物与尺子上的0厘米刻度线对齐。

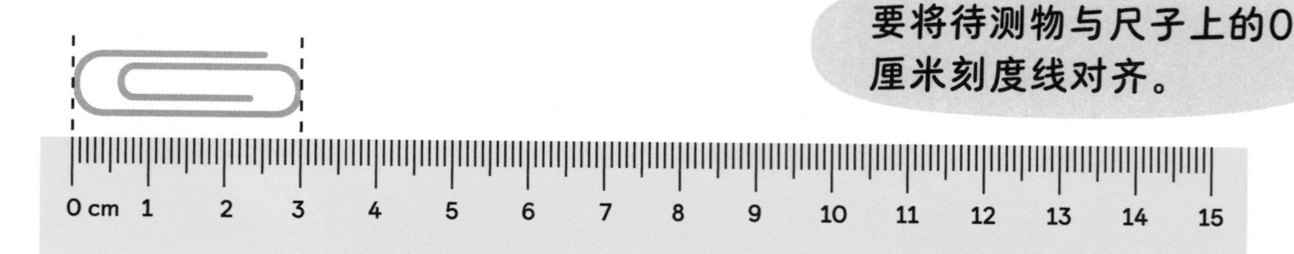

这个回形针的长度是3厘米。

举例

1 在家里找到以下物体，用厘米尺测量它们的长度。将测量结果填入表格。

物体	长度（厘米）
勺子	
牙刷	
蜡笔	
书	
手机	
信封	
毛刷	

2 用厘米尺测量下列物体的长度。

(1)

?

约 ☐ 厘米

(2)

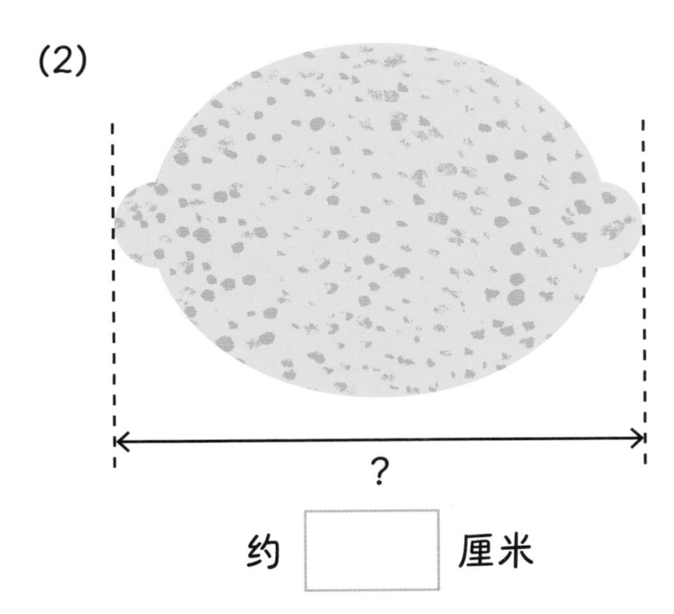

约 ☐ 厘米

长度的比较

第3课

准备

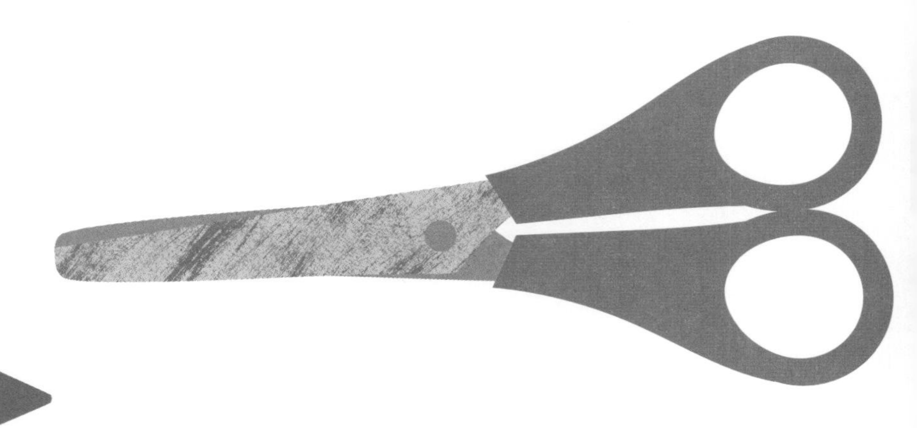

哪个物体最长？

举例

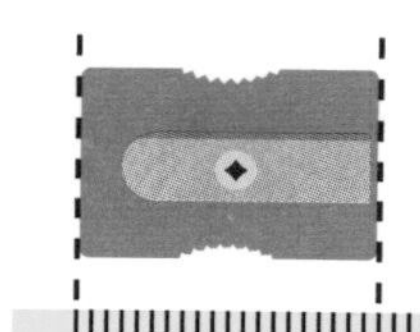

0 cm 1 2 3 4 5 6 7 8 9 10 11 12 13 14 15

这个卷笔刀2厘米长，是最短的物体。

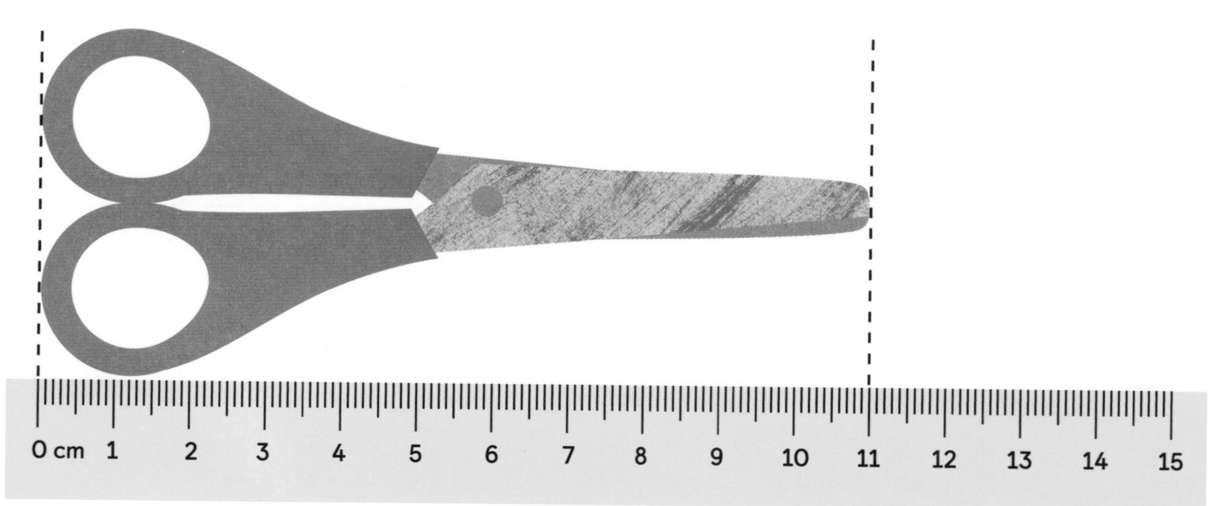

这把剪刀11厘米长，是最长的物体。

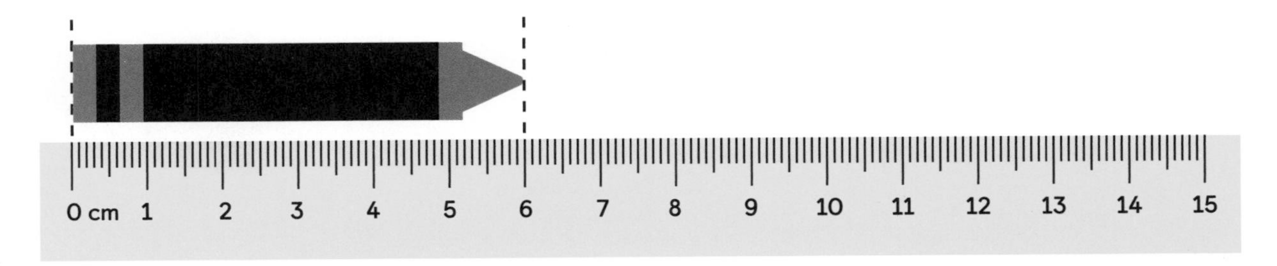

这支蜡笔6厘米长。蜡笔比卷笔刀长，比剪刀短。

练 习

0 cm 1 2 3 4 5 6 7 8 9 10 11 12 13 14 15

比一比，填一填。

1. 有 ______ 厘米长。
2. 有 ______ 厘米长。
3. 有 ______ 厘米长。
4. 比 长 ______ 厘米。
5. 比 短 ______ 厘米。
6. ______ 最长。
7. ______ 最短。

用千克作单位测质量

第 4 课

准 备

如何测量这些蔬菜有多重呢？

举 例

可以用盘秤来测质量。

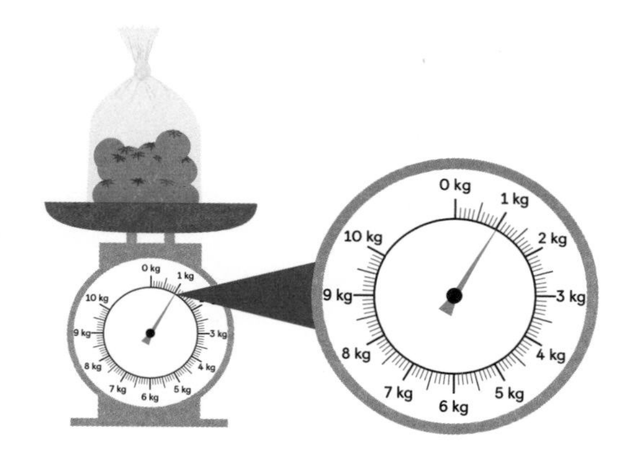

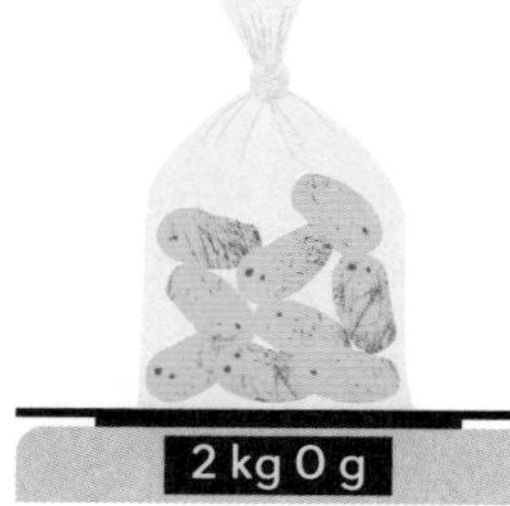

物体的质量表示它有多重。

西红柿的质量是1千克。土豆的质量是2千克。

还可以用天平和砝码来测量物体的质量。这是1千克的砝码。

1 kg

千克是质量单位。千克可写作kg。

这袋大米与1千克的砝码一样重，所以这袋大米的质量是1千克。

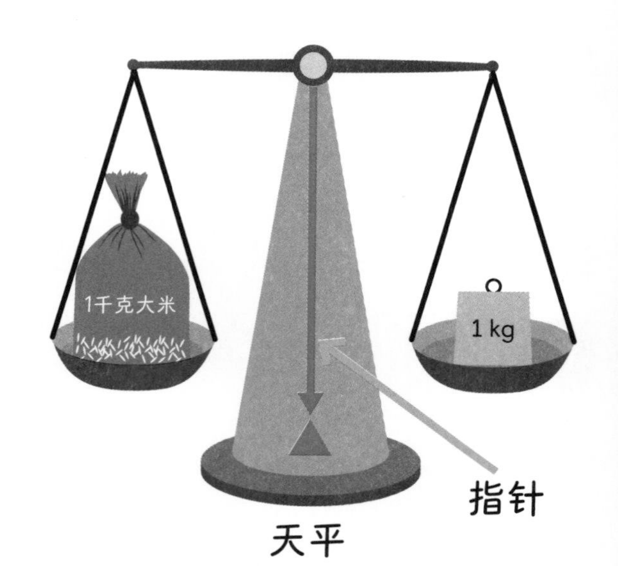

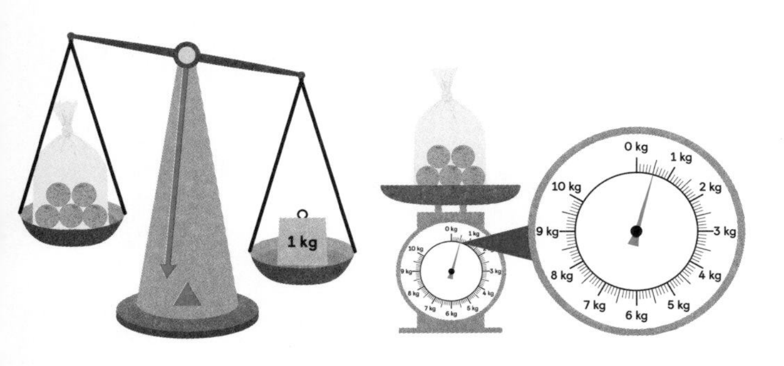

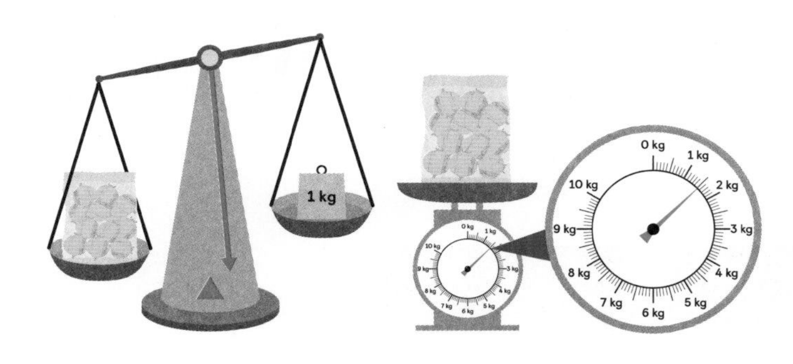

这袋橘子比1千克轻，所以这袋橘子的质量小于1千克。

这袋洋葱比1千克重，所以这袋洋葱的质量大于1千克。

练 习

1 在厨房里找一件质量为1千克的物体，比如一袋面粉或一袋糖。

找一件你觉得比这个重的物体，再找一件你觉得比这个轻的物体。

如果你家里有秤，测一测你所找的物体的质量，看看你猜的对不对。

2 测量这个西瓜的质量。

这个西瓜的质量约为 □ 千克。

3 下列物体的质量是多少？

(1)

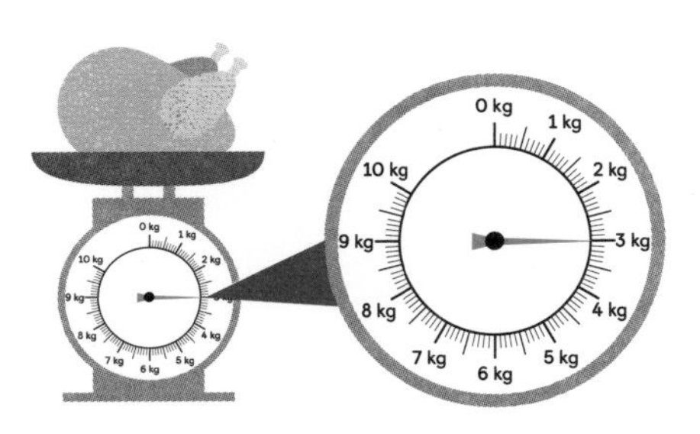

□ kg

(2)

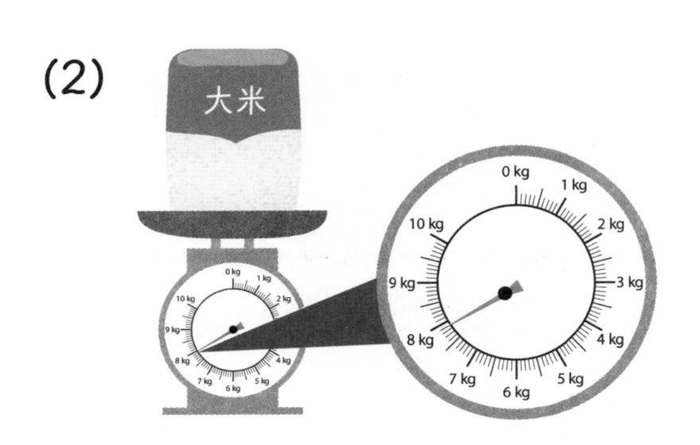

□ kg

用克作单位测质量

第5课

准备

这些物体很轻，如何测量它们的质量呢？

举例

我们无法用千克来测量这些物体，而是需要一个更小的质量单位。

可以用克来测量更轻的物体，用g来表示。

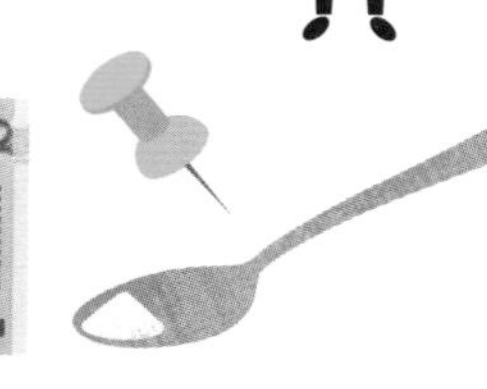

这些是质量以克为单位的较轻物体。

一个榛子的质量是3g。

一把钥匙的质量是9g。

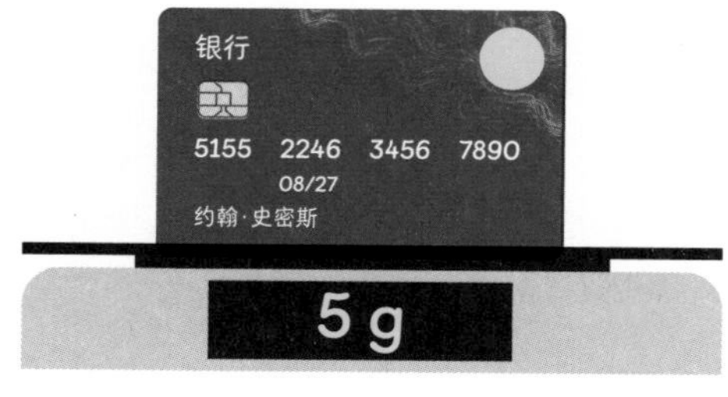

一张信用卡的质量是5g。

一副耳机的质量是13g。

耳机最重，榛子最轻。

练习

1 找一找家里以克为单位的物体，并按照从轻到重的顺序填入表格。

物体	质量（g）

2 写出下列物体的质量。

(1)

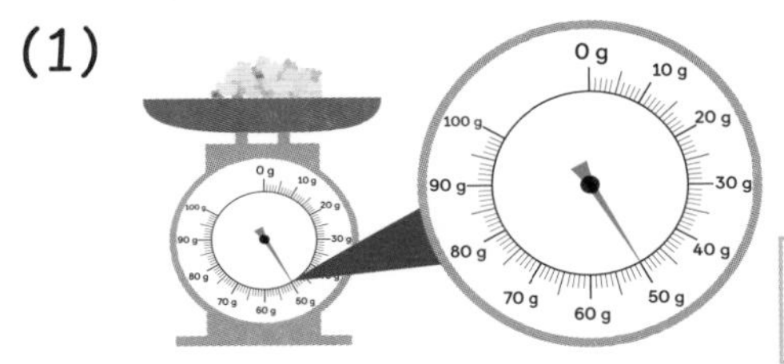

☐ g

(2) ☐ g

(3) ☐ g

(4) ☐ g

3 写出下列物体的质量。

(1)

三明治的质量约为 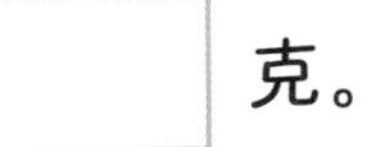 克。

(2)

65 g

蓝莓的质量约为  克。

质量的比较

准备

怎样才能知道哪个更重呢？

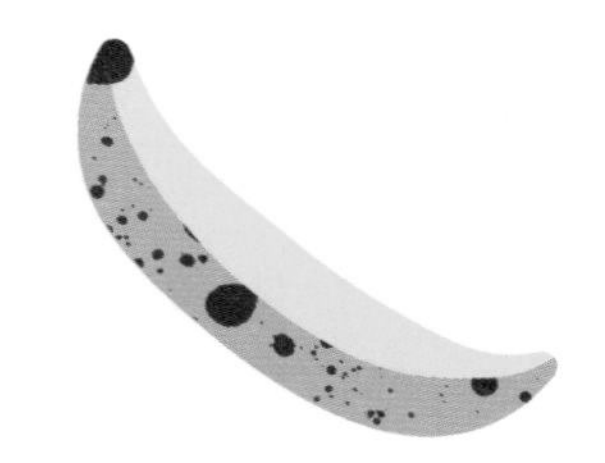

举例

100到200之间有10个空格，每个空格代表10克。
右边这个秤的读数为120克。

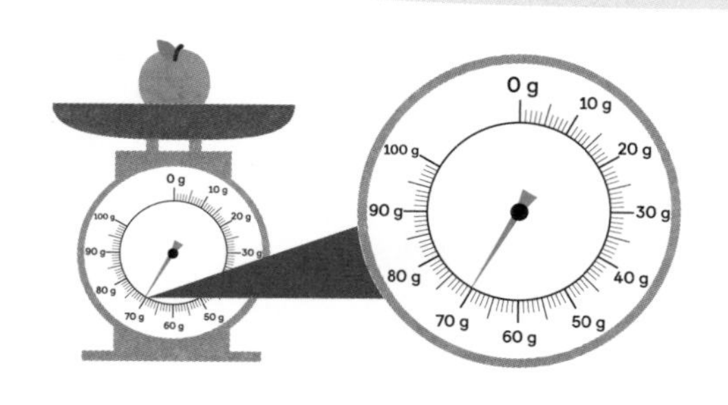

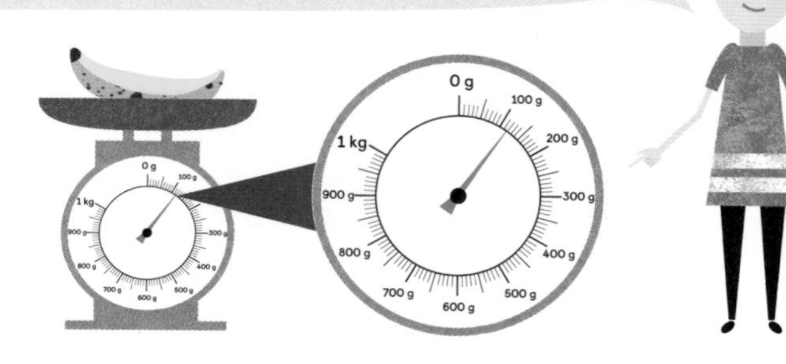

 的质量是70克。

 的质量是120克。

 比  重。

 比  轻。

练习

1 读一读，填一填。

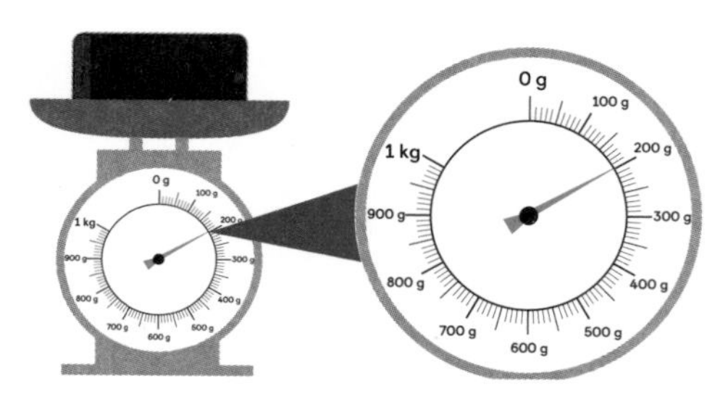

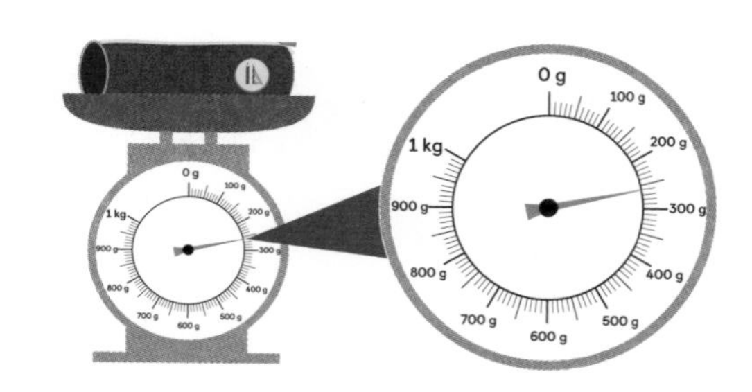

(1) 手机比铅笔袋______。

(2) 手机的质量是______克。

(3) 铅笔袋的质量是______克。

(4) ______的质量比______轻60克。

2 读一读，填一填。

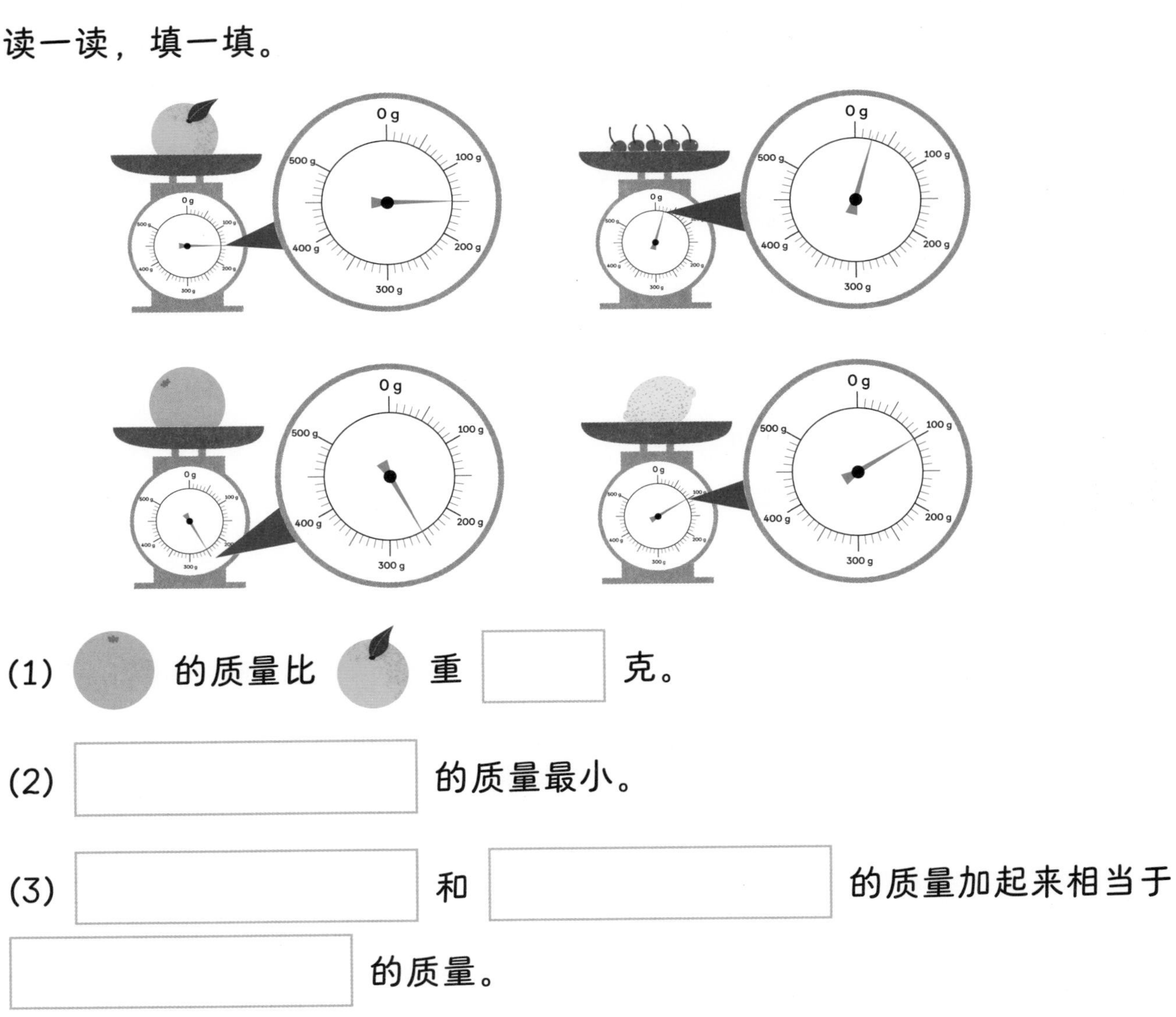

(1) （橙子）的质量比（橘子）重______克。

(2) ______的质量最小。

(3) ______和______的质量加起来相当于______的质量。

温度的测量

第 7 课

准备

如何测量温度？

我有一个数字温度计。

我有一个玻璃温度计。

举例

我们用温度计来测量温度。

温度计可以帮助我们判断物体的冷热程度。

温度以摄氏度为测量单位。这个温度计显示的温度是20°C，读作20摄氏度。

练 习

1 向爸爸妈妈借一个温度计，测一测家里每个人的体温，并将结果填入表格。

家庭成员	体温

2 填一填。

(1)

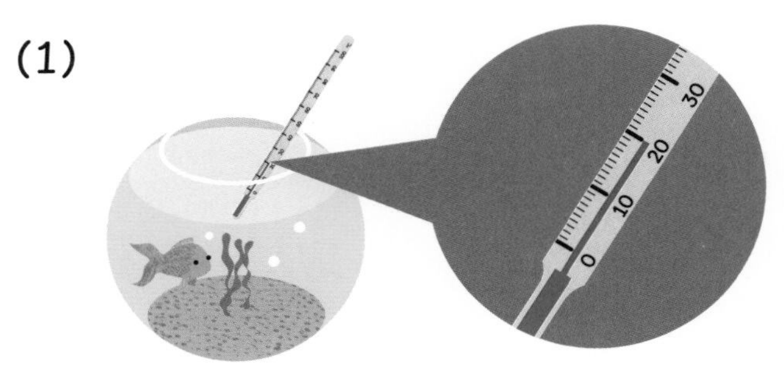

鱼缸里的温度约为 □ ℃。

(2)

茶的温度约为 □ ℃。

(3)

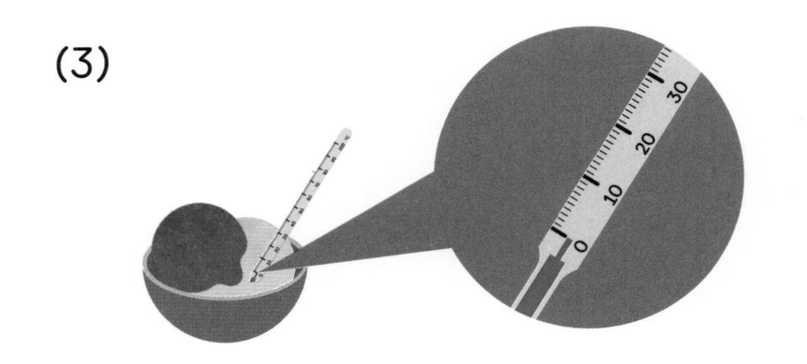

冰激凌的温度约为 □ ℃。

认识钱币

准备

谁的钱更多？

查尔斯

露露

举例

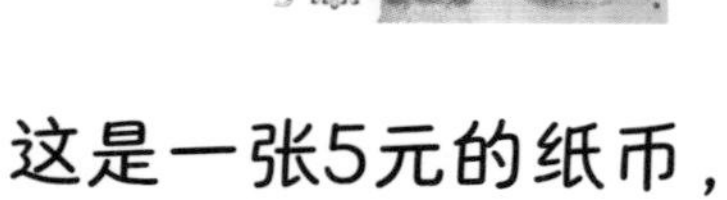

这是一张5元的纸币，写作¥5。

这是一张10元的纸币，写作¥10。

  有  +  + 。

查尔斯有25元。

 有  +  +  + 。

露露有20元。

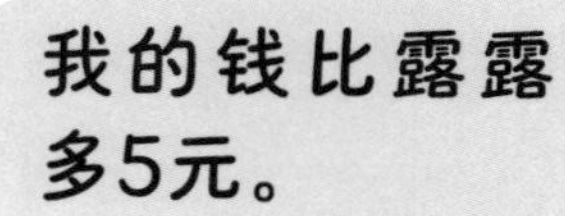

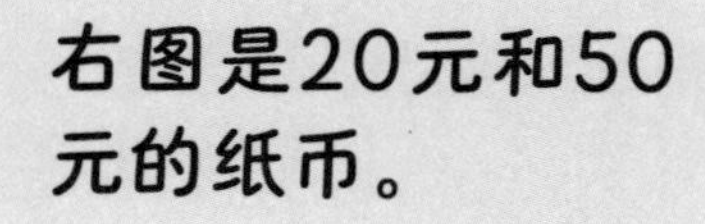

练 习

1 写出图片所示金额。

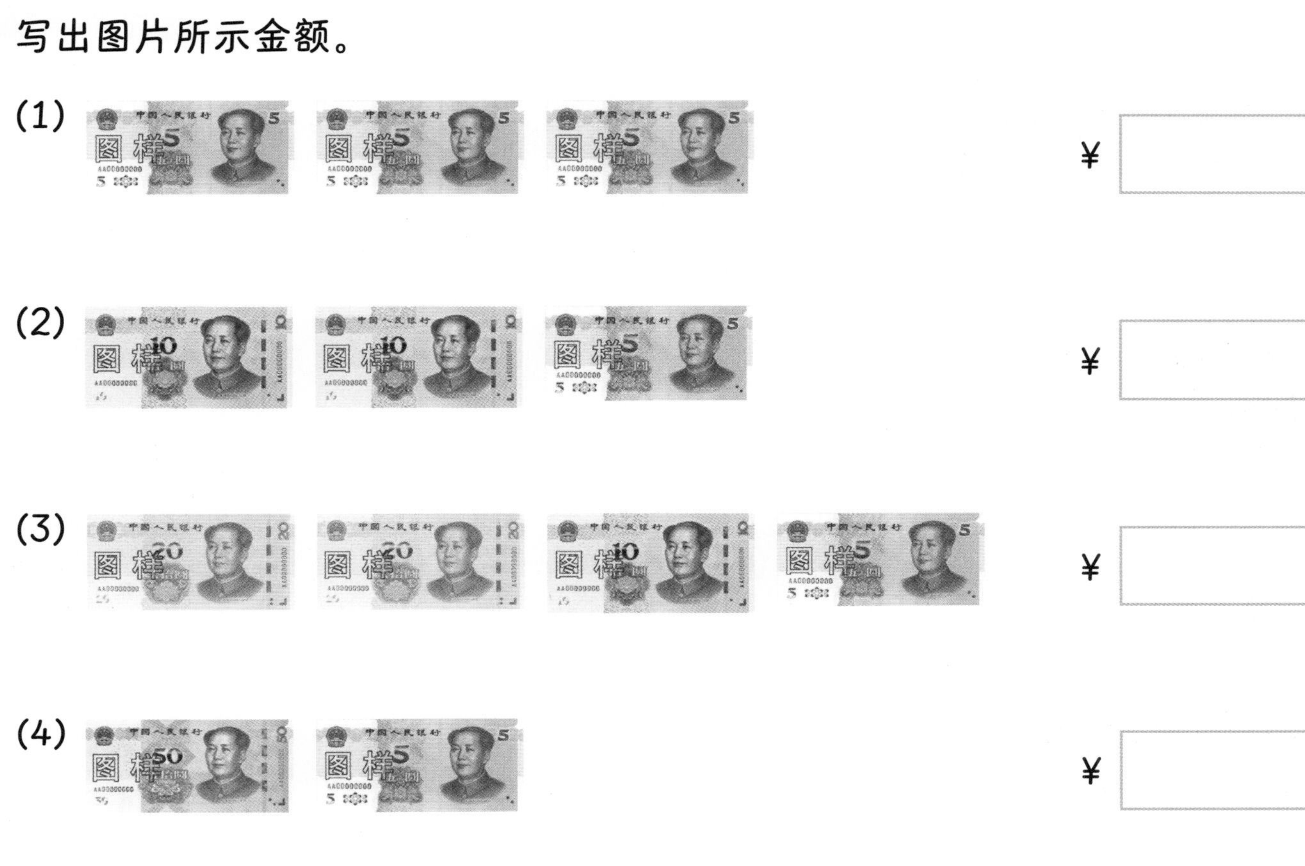

(1) ¥ ______

(2) ¥ ______

(3) ¥ ______

(4) ¥ ______

2 谁的钱更多？

艾米拉

萨姆

有 ______ 元。

有 ______ 元。

______ 的钱更多。

硬币的读写和计算

第9课

准备

艾略特有足够的钱买这块  吗？

举例

这些是我们常用的硬币。

这些硬币以角为单位，面值分别为5角和1角。

这个硬币以元为单位，面值是1元。

艾略特有1元+1元+5角+1角+1角+1角。

艾略特有2元8角，写作¥2.8。

巧克力的价格是3元。

艾略特的钱不够。

练 习

1 连一连。

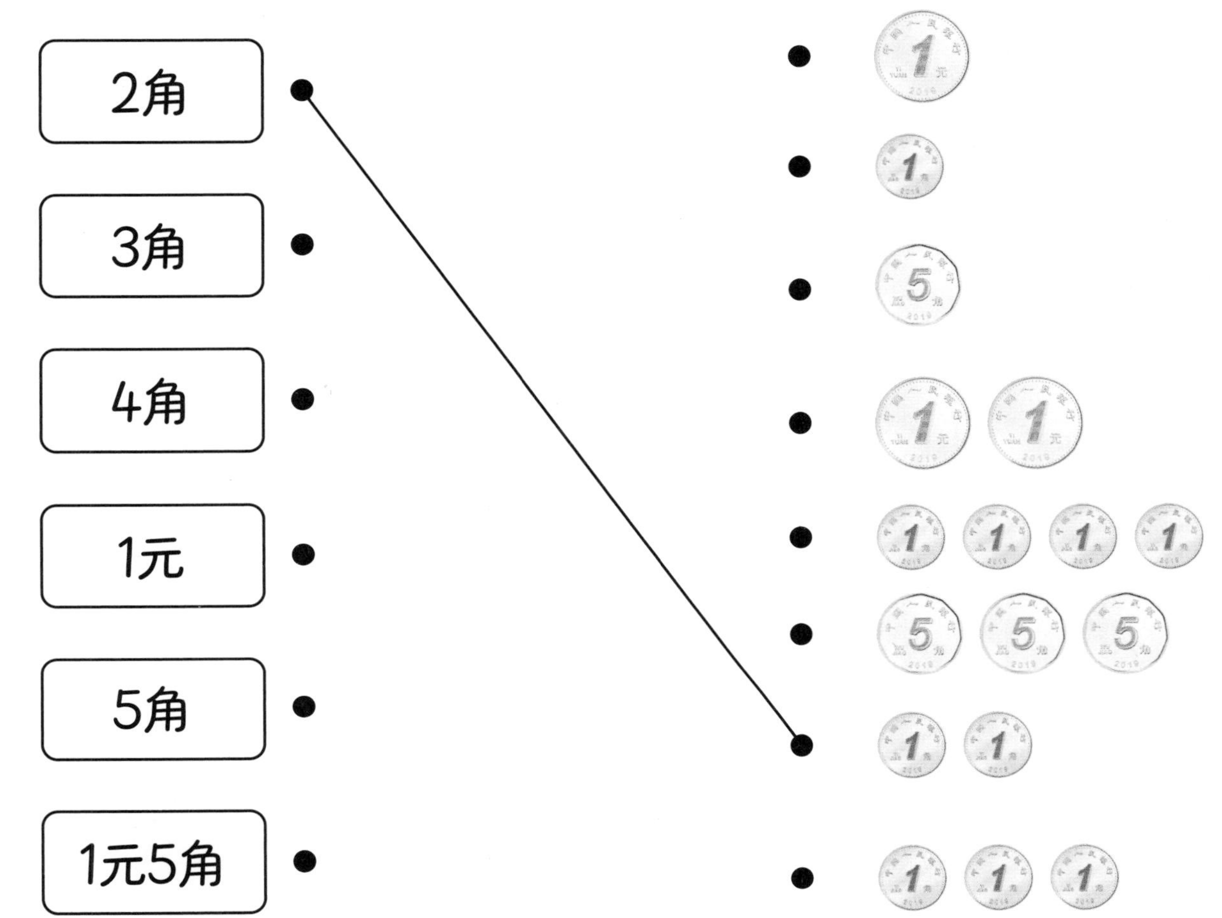

2 看一看，填一填。

(1)

(2)

相等金额的硬币

第10课

准备

我有六枚硬币。

雅各布

我的钱比你多，我有七枚硬币。

艾玛

谁的钱更多？

举例

1

将硬币的面值相加，而不是将数量相加。

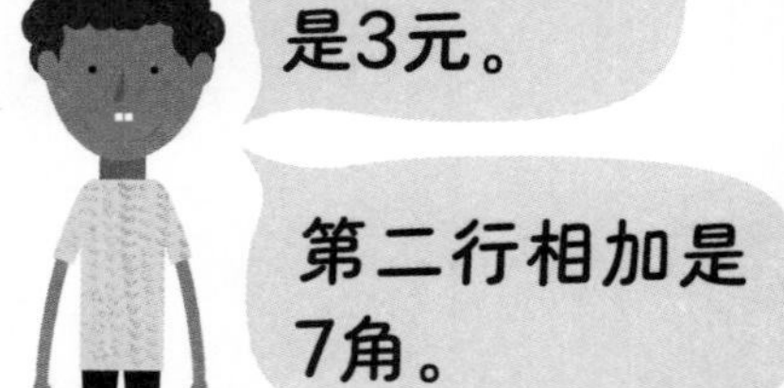

第一行相加是3元。

第二行相加是7角。

雅各布有1元+1元+1元+5角+1角+1角=3.7元

2

第一行相加是2元。

第二行相加是1元7角。

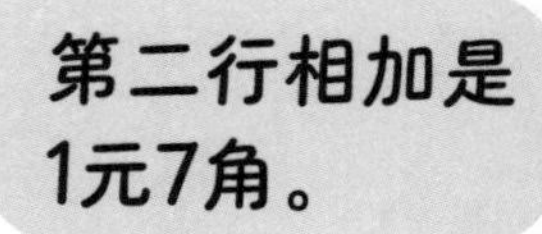

艾玛有1元+1元+5角+5角+5角+1角+1角=3.7元

艾玛错了。雅各布和艾玛的钱一样多。

练 习

1 将相等金额的硬币连起来。

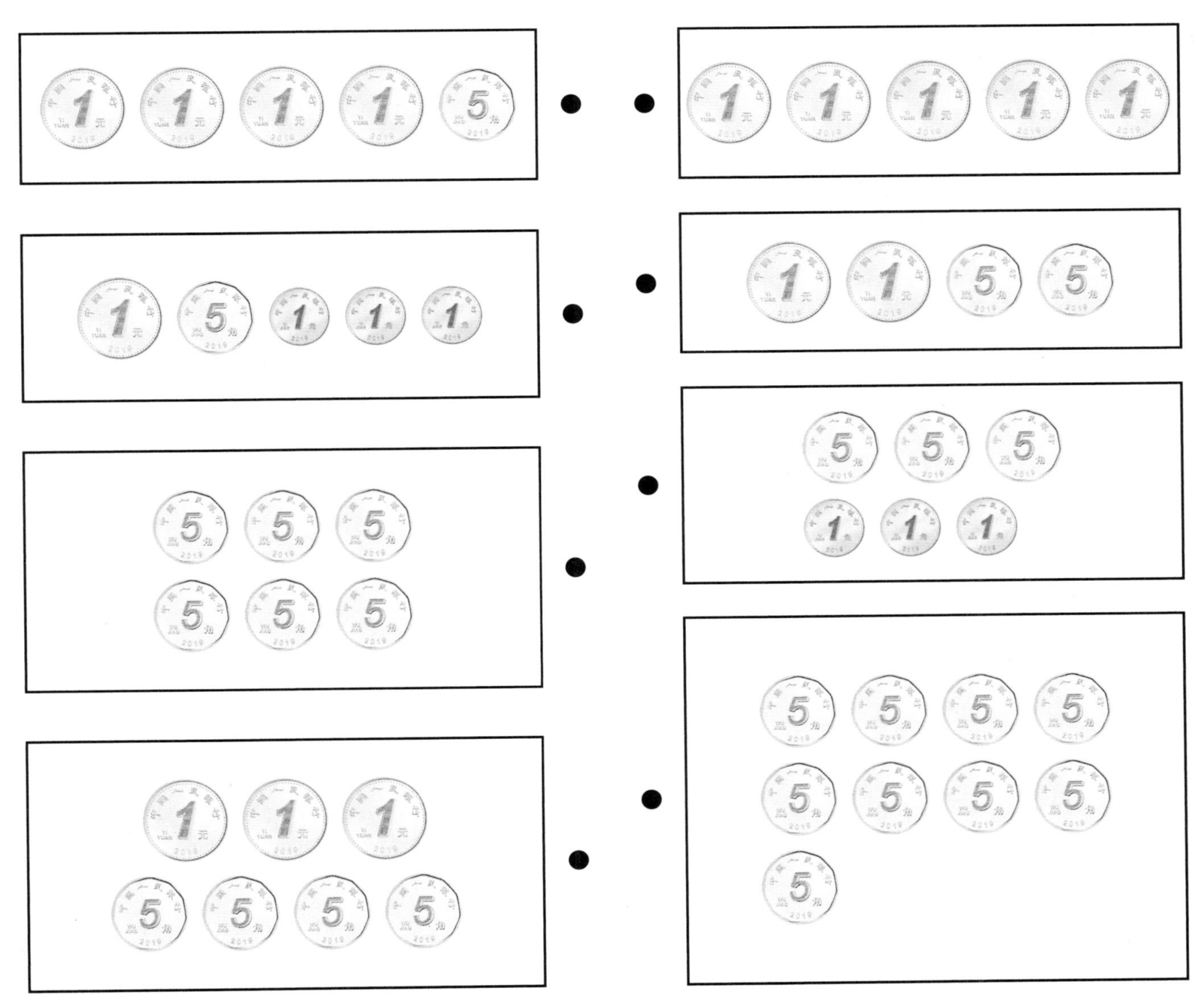

2 你能用 ， 和 组成2元吗？

试试看你能找到多少种组合方法？

硬币的换算

第11课

准备

阿米拉想将这枚1元的硬币换成不同的硬币。
想一想，她能换成什么样的硬币呢？

举例

 = 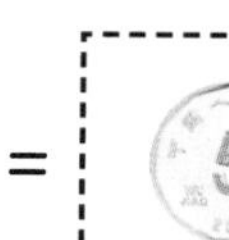 

阿米拉可以用  换成2枚  。

2

 =     

阿米拉可以用  换成1枚  和5枚  。

3

阿米拉可以用  换成10枚  。

练 习

1  想将一枚  换成不同的硬币，用  和  组成不同的方式。

2 填一填。

(1)  =  2 × 

(2)  = ☐ × 

(3)  =  × 

金额的比较

准备

哪个玩具更贵？

举例

先比一比元。

4元大于3元。比和都贵。

 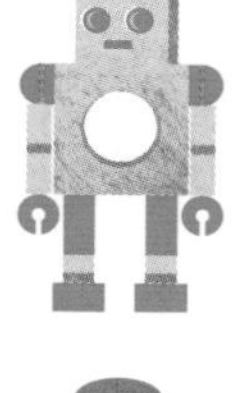    

再比一比角。

9角大于8角。

比贵。

 比  和  贵。

练 习

1 比一比两组硬币的总金额，将金额较大的一组圈出来。

(1)

(2)

(3)

(4)

2 比一比，填一填。

我有1.9元。

鲁比

阿米拉

萨姆

(1) 谁的钱最多？

(2) 谁的钱最少？

(3) 阿米拉的钱比鲁比多多少？

5分钟以内时间的认识

第13课

准备

观察两个钟表，

已经过去了多少分钟？

举例

分针指向12上，时针指向6，时间是6点钟。

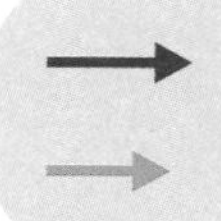

分针比时针长。

分针指向1，现在是6点5分或6:05。

分针指向2，现在是6点10分或6:10。从6点到6点10分已经过去了10分钟。

钟表显示的时间是6点20分或6:20。

钟表显示的时间是6点25分或6:25。

练习

1 根据图片写出时间。

(1)

(2)

(3)

(4)

2 根据图片写出时间，想想这时你可能在做什么。

(1)

上午

(2)

下午

(3)

晚上

3 根据给出的时间在钟面上画出时针和分针的正确位置。

(1)

3:35

(2)

9:45

时间的读写

第14课

准备

钟表显示的是几点？

举例

现在是8点15分或8:15。

分针走了四分之一圈。

又过了15分钟后，分针走了半圈。

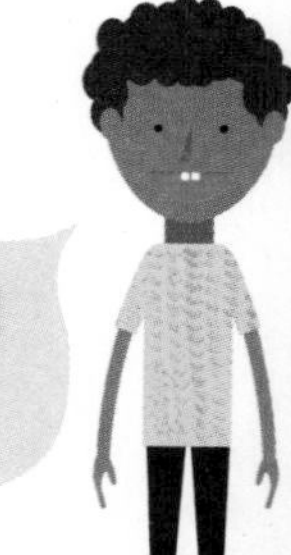

现在分针已经走了四分之三圈，还差四分之一圈就又指向12了。

练 习

1 用“过了一刻钟”“点半”或“差一刻钟”填空。

(1)

时间是

3 ______ 。

(2)

时间是

10 ______ 。

(3)

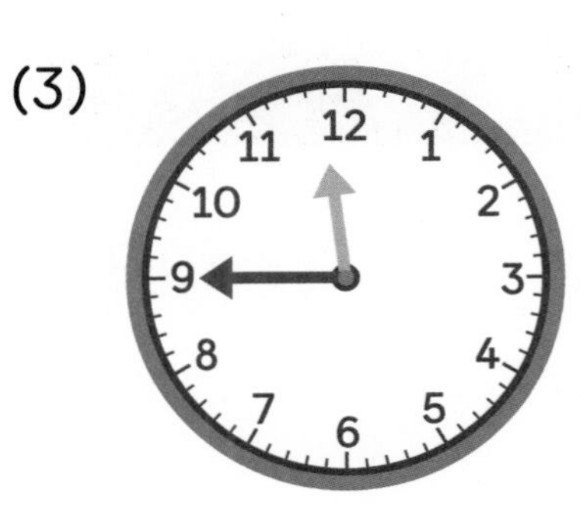

时间是

______ 12。

2 根据时间在钟面上画出时针和分针的正确位置。

(1) 1点钟

(2) 4点一刻

(3) 10点半

(4) 差一刻五点

处理时间段问题

第15课

准备

露露3:30开始阅读，4:00阅读结束。她阅读了多长时间？

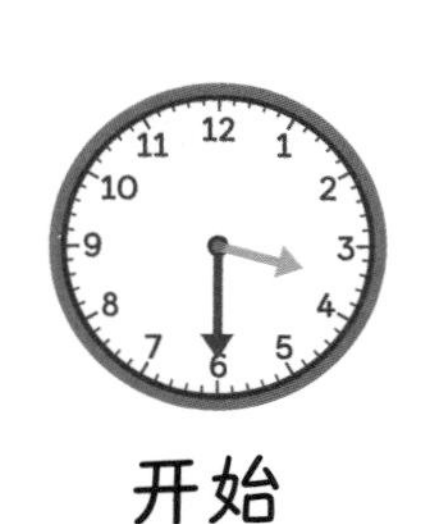
开始

结束

举例

从3:30数到4:00，五分钟五分钟地数。

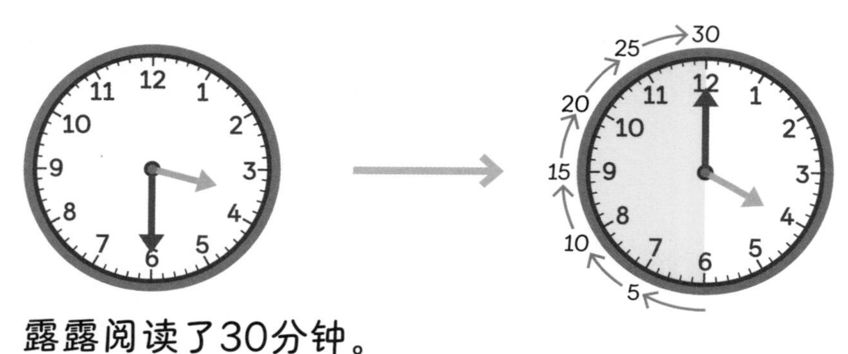

5, 10, 15, 20, 25, 30。

露露阅读了30分钟。

练习

1 看一看，画一画，填一填。

(1)

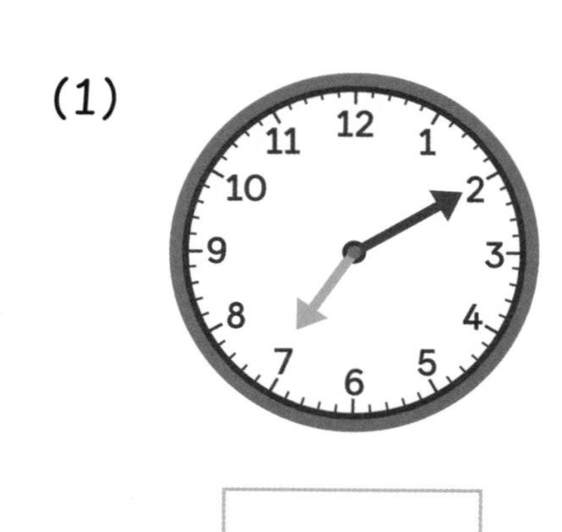

30分钟后

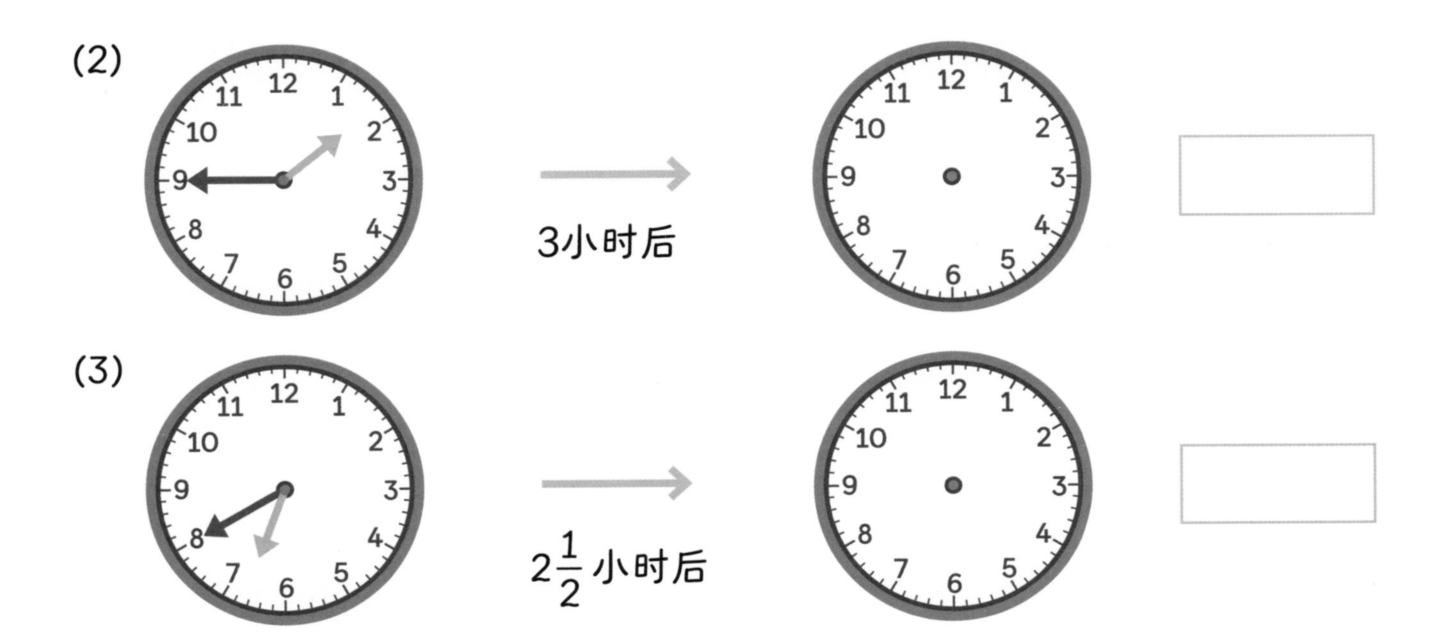

❷ 完成表格。

开始时间	半小时后是几点?	2小时后是几点?

计算结束时间

第16课

准备

15分钟后召开校会，会议将持续35分钟。校会将几点结束？

举例

15分钟后是9点钟。

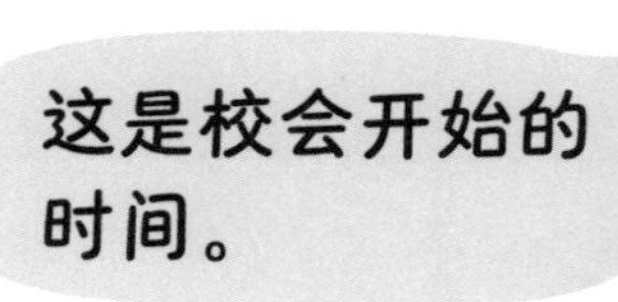

校会将持续35分钟。

35分钟后

校会9:35结束。

练 习

看一看，画一画，填一填。

❶

45分钟后

❷

15分钟后

❸

20分钟后

计算开始时间

第17课

准备

露露已经游了30分钟泳。

现在的时间是:

露露几点开始游泳的?

举例

30分钟前是几点?

30分钟前是4点半。

露露是4点半开始游泳的。

练习

1 在钟面上画出开始时间。

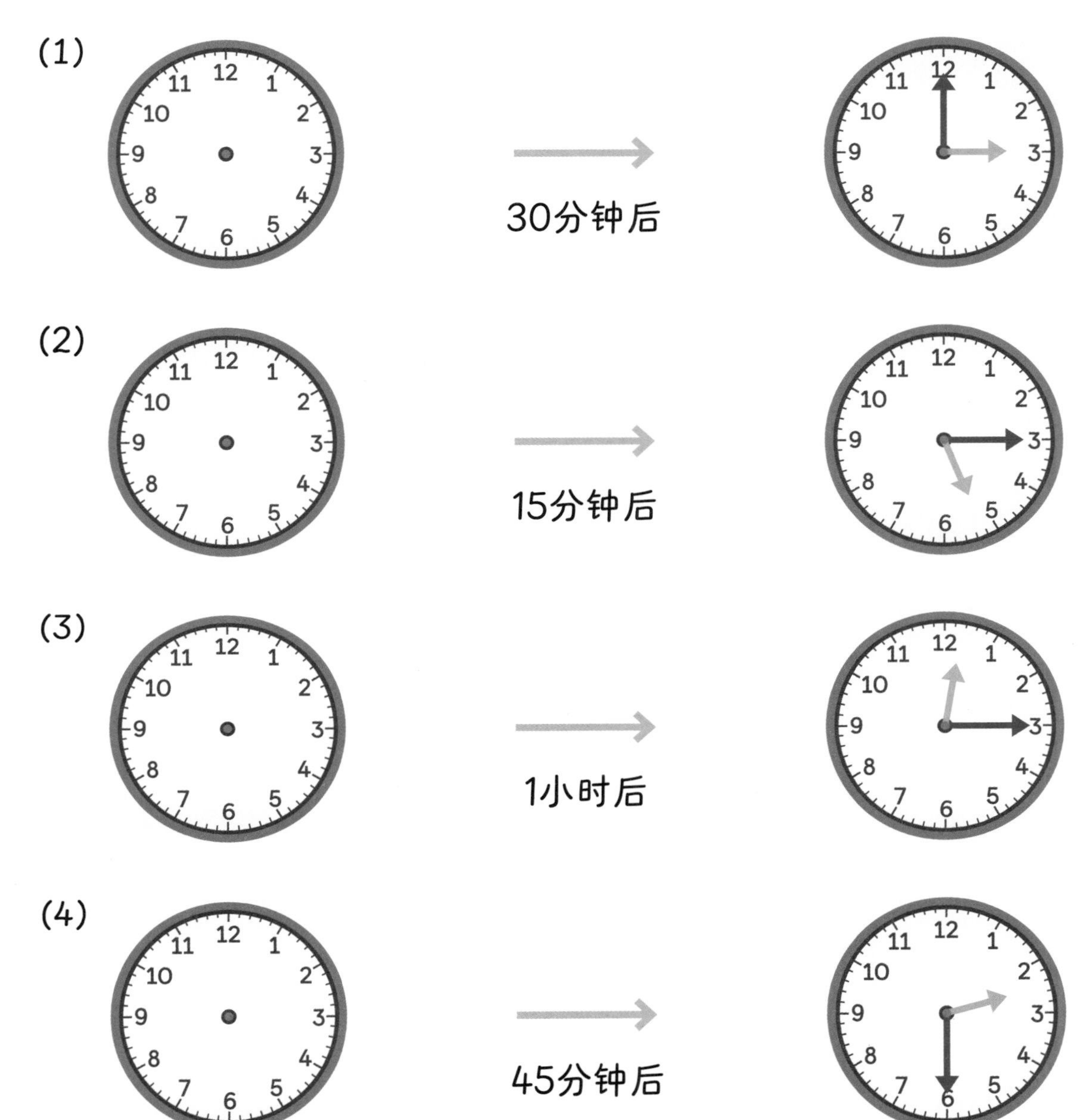

2 电视节目在6:30结束了，节目时长是一小时。请问节目几点开始的？

电视节目开始于 ______ 。

用升作单位测容积

第18课

准备

如何测量每个容器中液体的体积？

举例

我们可以用一个1升的烧杯测量体积。

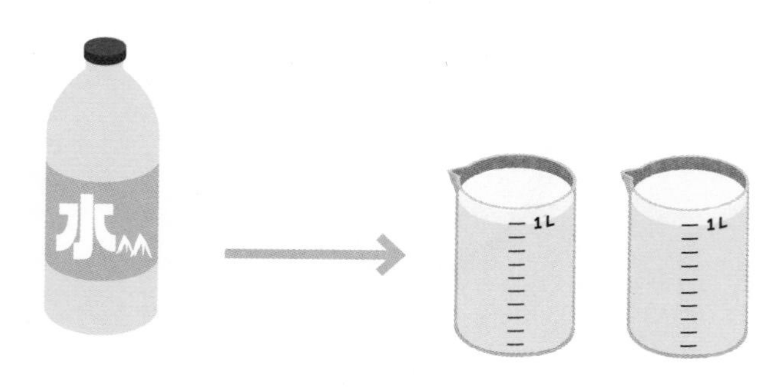

容积是容器中液体的量。

水的体积约为2升，写作2L。

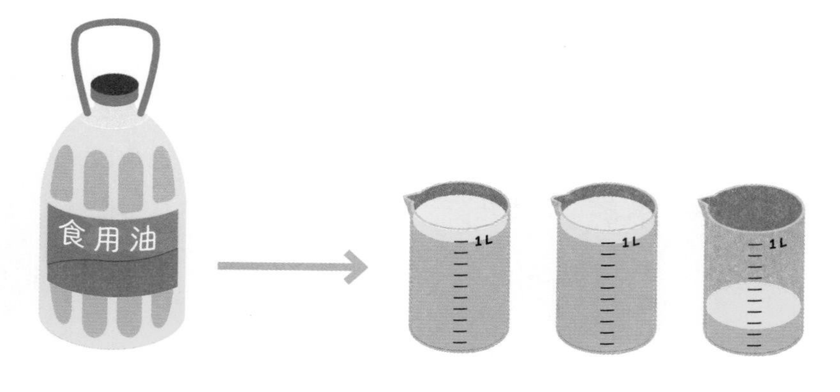

食用油的体积是2升多。

练 习

1 在厨房里找一找装有液体的容器，先猜猜每个容器里液体的体积，再用量杯测一测液体实际的体积，将测量结果填入表格。

物体	估计体积/L	实际体积/L

2 容器中液体的体积是多少？

(1)

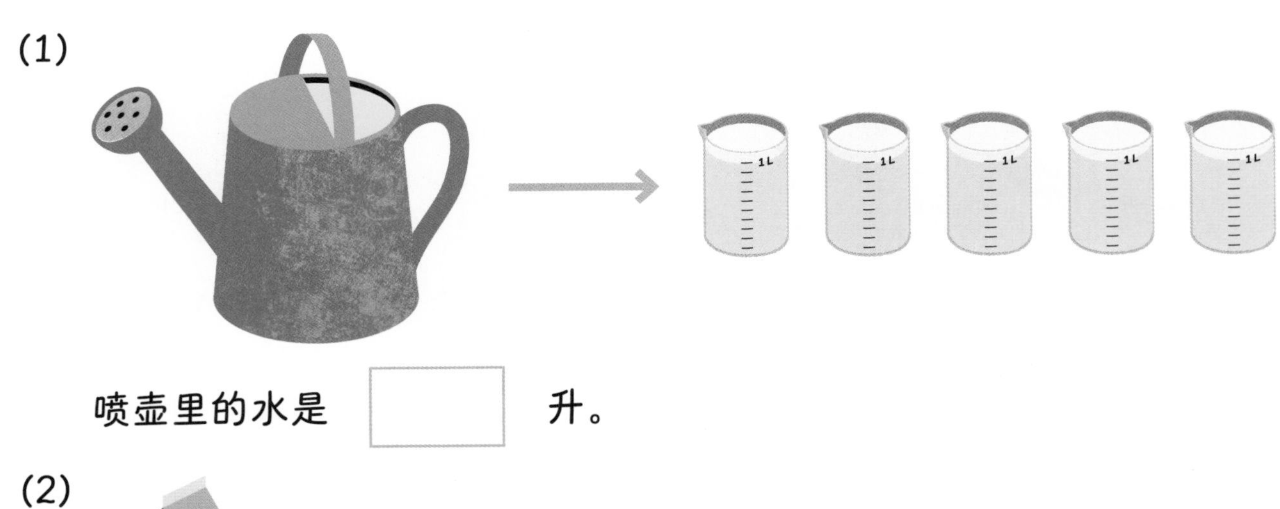

喷壶里的水是 ☐ 升。

(2)

纸盒里的巧克力牛奶的体积是 ☐ 升。

用毫升作单位测容积

第19课

准备

如何测量体积较小的液体的体积？

举例

可以用毫升作单位来测量较小体积液体的体积，写作mL。

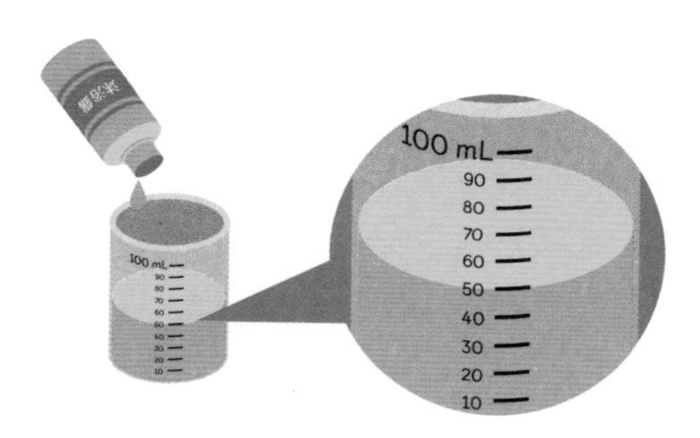

沐浴露1体积＝50毫升

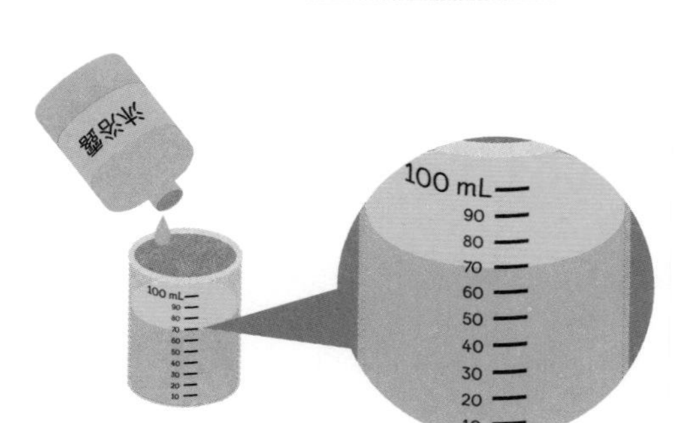

沐浴露2体积＝70毫升

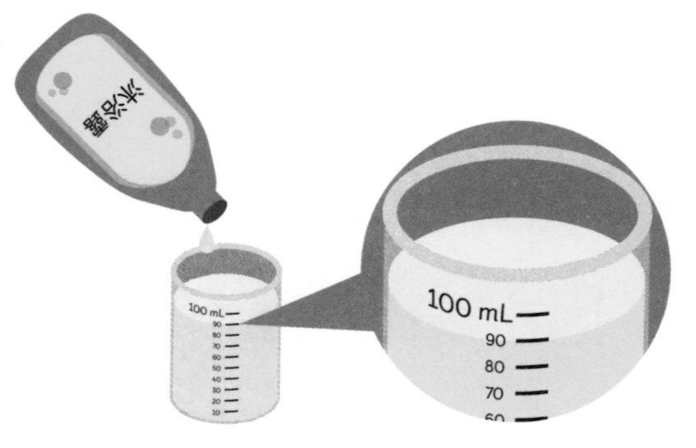

沐浴露3体积＝90毫升

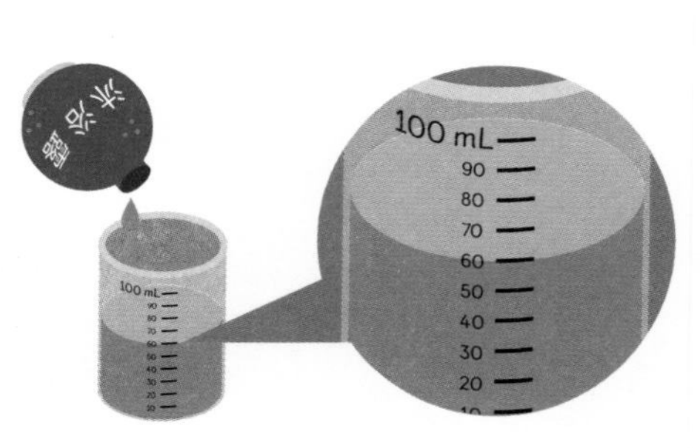

沐浴露4体积＝60毫升

沐浴露1  体积最小，沐浴露3  体积最大。

练 习

填一填。

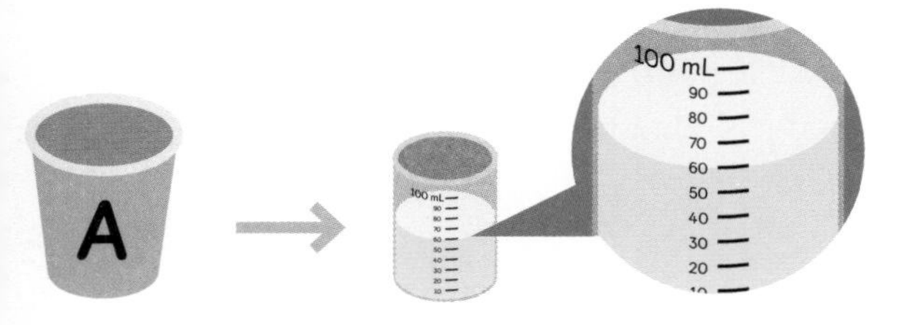

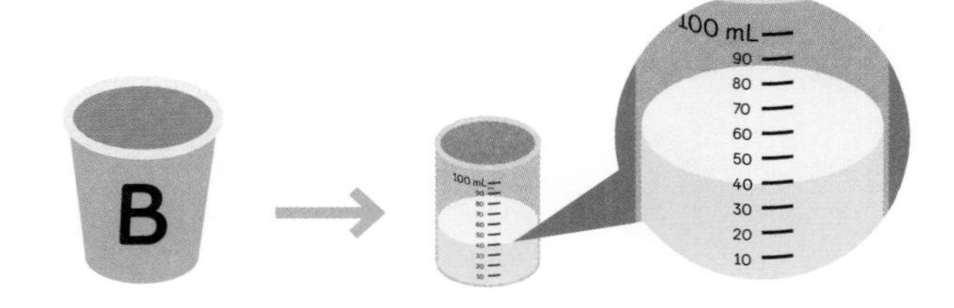

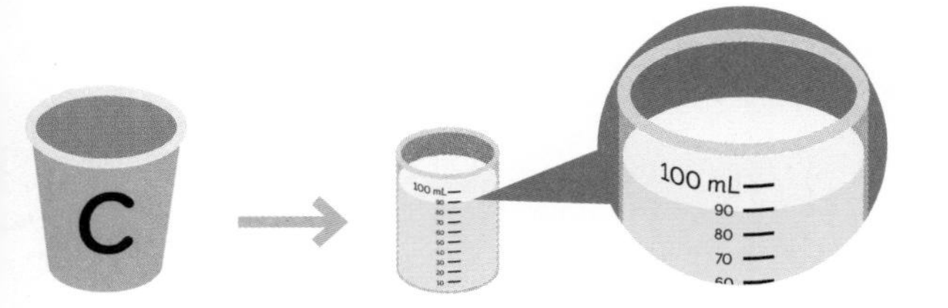

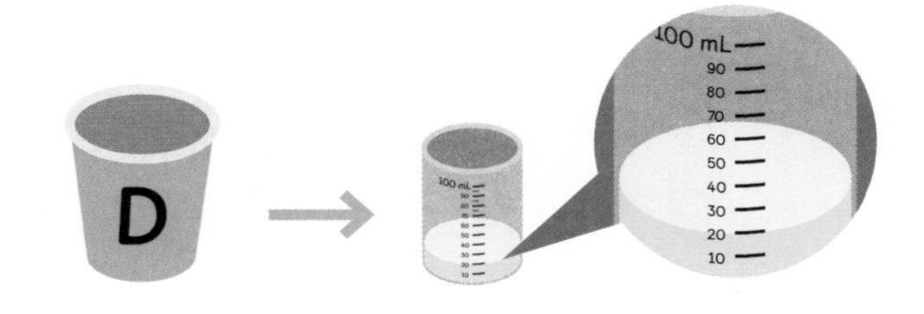

1. 杯子A中水的体积是 ☐ 毫升。
2. 杯子C中水的体积是 ☐ 毫升。
3. 杯子A中水的体积小于杯子 ☐ 中水的体积。
4. 杯子B中水的体积大于杯子 ☐ 中水的体积。
5. 杯子 ☐ 中水的体积最大。
6. 杯子 ☐ 中水的体积最小。

回顾与挑战

1 写出每个物体的长度。

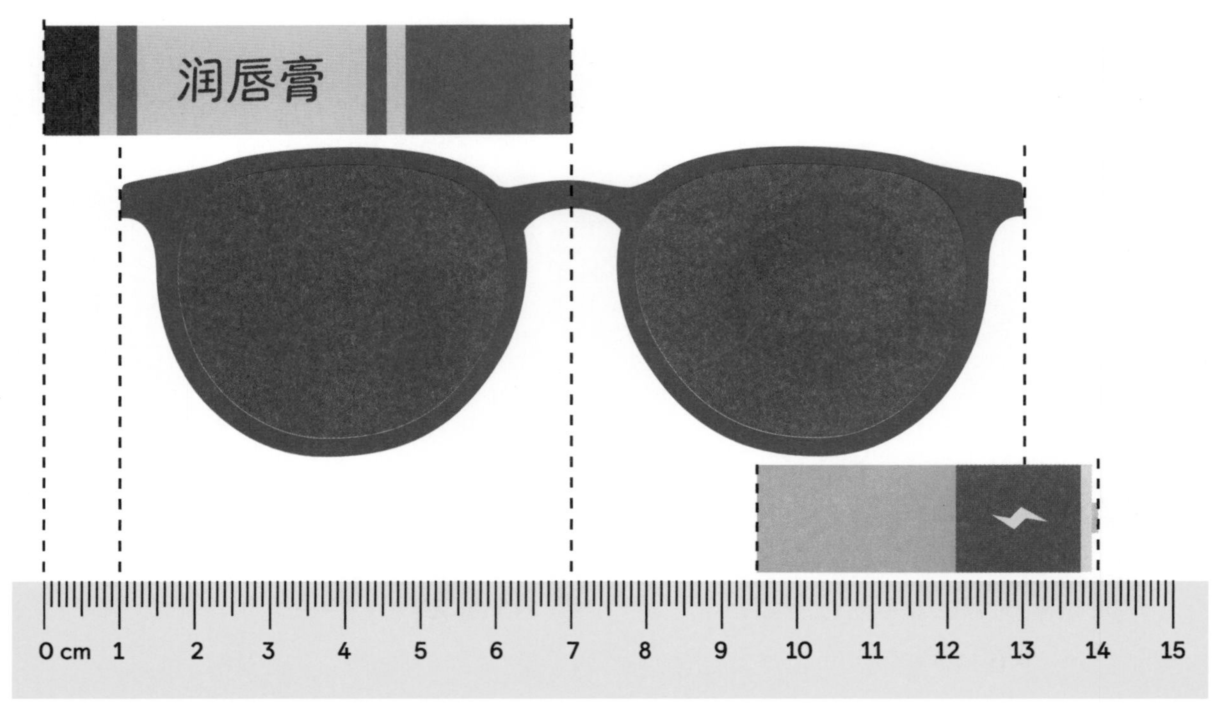

(1) 润唇膏的长度是 ☐ 厘米。

(2) 太阳镜的长度 ☐ 厘米。

(3) 电池的长度是 ☐ 厘米。

(4) ☐ 的长度比润唇膏短。

2 芒果的质量是多少?

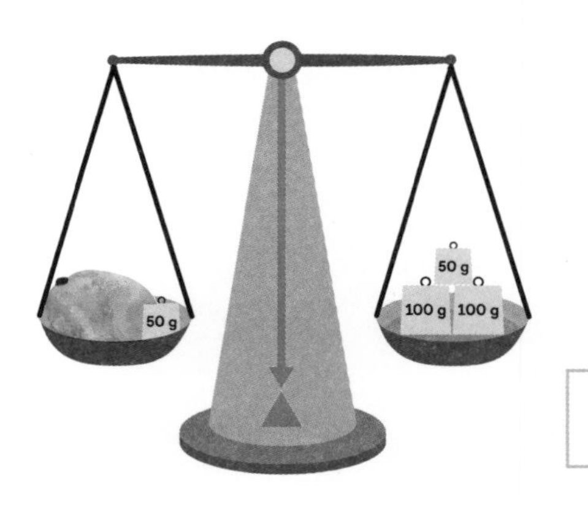

☐ g

3 冰箱里的温度是4℃，厨房里的温度比冰箱高18℃。厨房里的温度是多少？

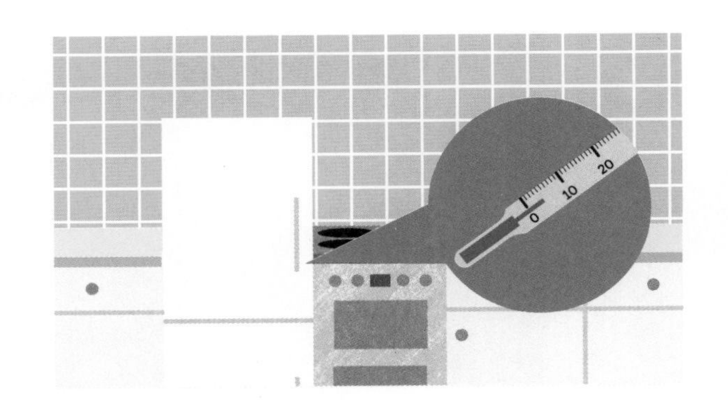

□ ℃

4 将下列硬币换算成面值的不同硬币。

(1)

(2) 

钱包A

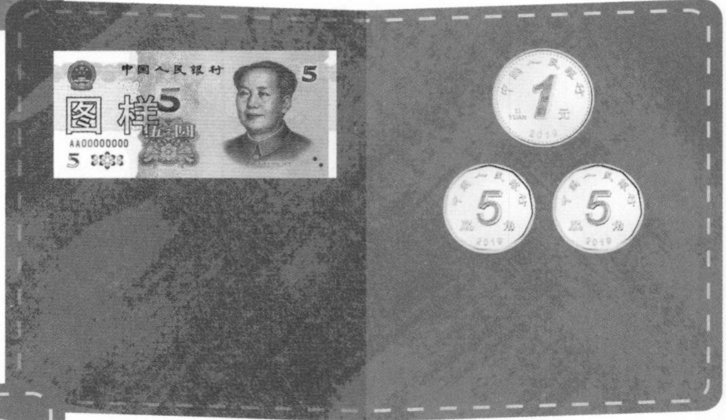

钱包B

钱包C

(1) 哪个钱包里的钱最多。 □

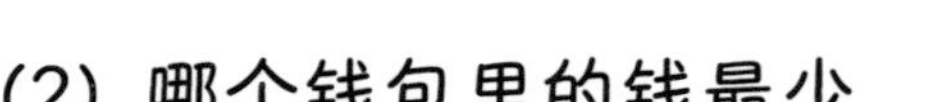

(2) 哪个钱包里的钱最少。 □

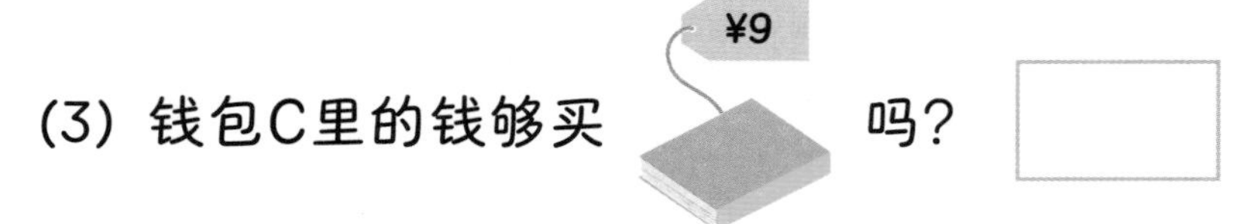

(3) 钱包C里的钱够买 吗? □

(4) 将三个钱包按照钱数从少到多的顺序排列。

□，□，□

6 钟表显示的是鲁比每项活动开始的时间。

看电视　　上床睡觉　　踢足球

(1) [ ] 是鲁比开始看电视的时间。

(2) 鲁比 [ ] 开始踢足球。

(3) 最后一个活动是在 [ ]，是鲁比上床睡觉的时间。

(4) 把上述活动按照从早到晚的顺序排列。

[ ]，[ ]，[ ]

7 容器中水的体积是多少?

(1)

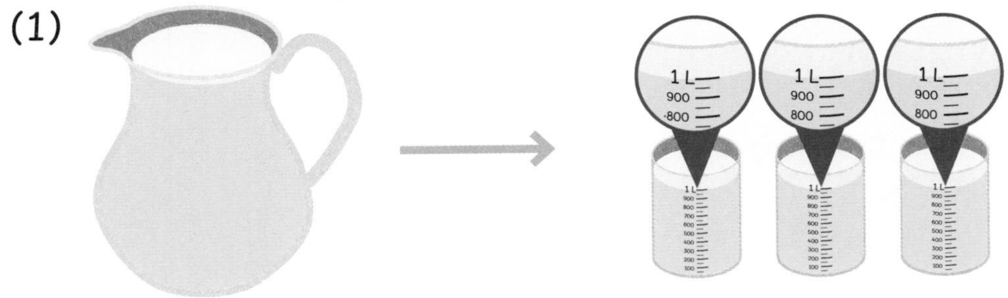

壶中水的体积是 [ ] L。

(2)

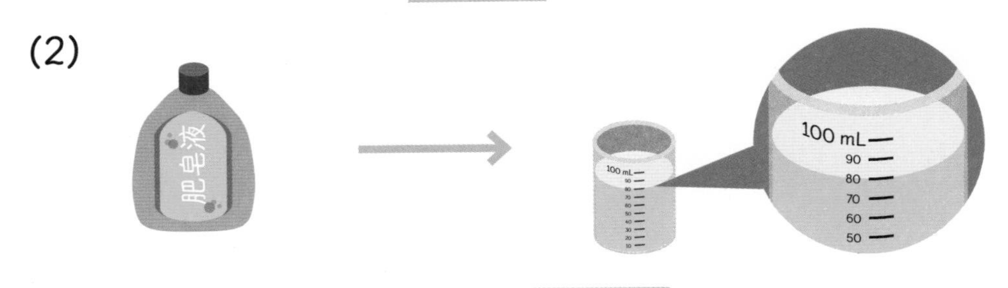

瓶子里肥皂液的体积是 [ ] mL。

参考答案

第 5 页　答案不唯一。

第 7 页　1 答案不唯一。2 (1) 4cm (2) 7cm.

第 9 页　1 雪糕棒有13厘米长。2 夹子有8厘米长。3 牙刷有14厘米长。4 牙刷比雪糕棒长1厘米。5 夹子比雪糕棒短5厘米。6 牙刷最长。7 夹子最短。

第 11 页　1 答案不唯一。2 西瓜的质量约为3千克。3 (1) 3kg (2) 8kg

第 13 页　1 答案不唯一。2 (1) 50g (2) 100g (3) 70g (4) 75g　3 (1) 三明治的质量约为100克。(2) 蓝莓的质量约为65克。

第 15 页　1 (1) 手机比铅笔袋轻。(2) 手机的质量是200克。(3) 铅笔袋的质量是260克。(4) 手机的质量比铅笔袋轻60克。

2 (1) 橘子的质量比桃子重100克。(2) 樱桃的质量最小。(3) 柠檬和桃子的质量加起来相当于橘子的质量。

第 17 页　1 答案不唯一。2 (1) 20 °C (2) 90 °C (3) 0 °C。

第 19 页　1 (1) 15 (2) 25 (3) 55 (4) 55　2 阿米拉有40元。萨姆有50元。萨姆的钱更多。

第 21 页　1

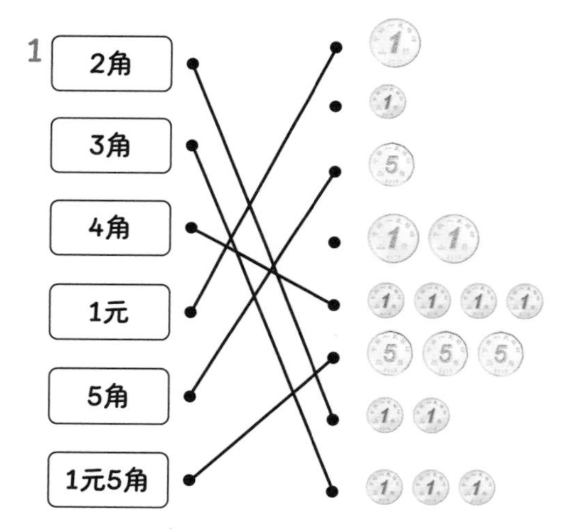

2 (1) 2元3角 (2) 3元8角

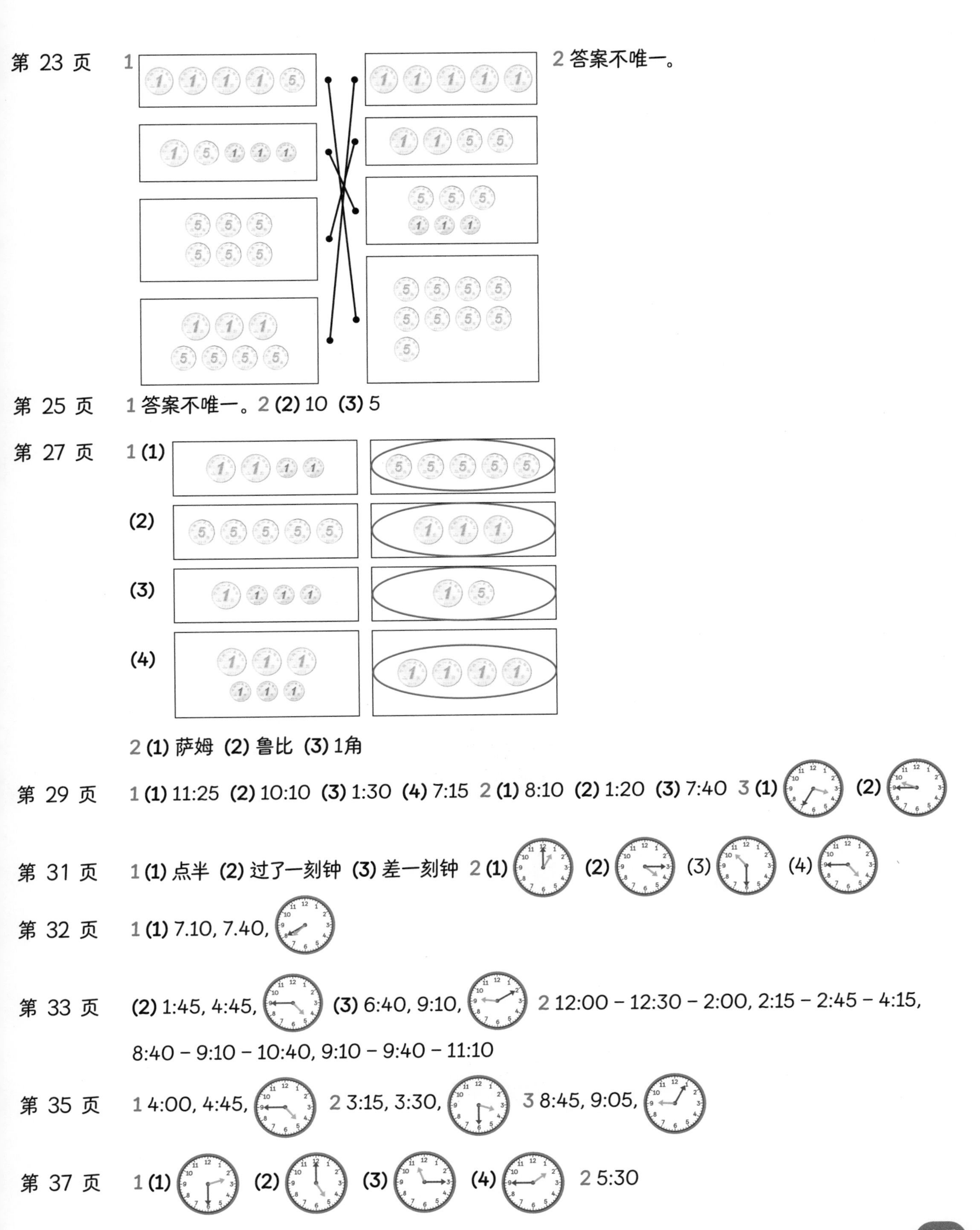

第 23 页 1

2 答案不唯一。

第 25 页 1 答案不唯一。2 (2) 10 (3) 5

第 27 页 1 (1)

(2)

(3)

(4)

2 (1) 萨姆 (2) 鲁比 (3) 1角

第 29 页 1 (1) 11:25 (2) 10:10 (3) 1:30 (4) 7:15 2 (1) 8:10 (2) 1:20 (3) 7:40 3 (1) (2)

第 31 页 1 (1) 点半 (2) 过了一刻钟 (3) 差一刻钟 2 (1) (2) (3) (4)

第 32 页 1 (1) 7.10, 7.40,

第 33 页 (2) 1:45, 4:45, (3) 6:40, 9:10, 2 12:00 – 12:30 – 2:00, 2:15 – 2:45 – 4:15, 8:40 – 9:10 – 10:40, 9:10 – 9:40 – 11:10

第 35 页 1 4:00, 4:45, 2 3:15, 3:30, 3 8:45, 9:05,

第 37 页 1 (1) (2) (3) (4) 2 5:30

第 39 页　1 答案不唯一。2 (1) 水壶里的水是5升。(2) 纸盒里的巧克力牛奶的体积是1升。

第 41 页　1 杯子A中水的体积是60毫升。2 杯子C中水的体积是90毫升。

3 杯子A中水的体积小于杯子C中水的体积。4 杯子B中水的体积大于杯子D中水的体积。

5 杯子C中水的体积最大。6 杯子D中水的体积最小。

第 42 页　1 (1) 润唇膏的长度是7厘米。(2) 太阳镜的长度12厘米。(3) 电池的长度是4.5厘米。(4) 电池的长度比润唇膏短。

2 芒果的质量是200克。

3 厨房里的温度是22℃。

第 43 页　4 答案不唯一。

第 44 页　5 **(1)** 钱包A **(2)** 钱包B **(3)** 不够 **(4)** 钱包B，钱包C，钱包A。

第 45 页　6 (1) 6:15是鲁比开始看电视的时间。(2) 鲁比4:45开始踢足球。

(3) 最后一个活动是在8:30，是鲁比上床睡觉的时间。(4) 踢足球，看电视，上床睡觉

7 (1) 壶中水的体积是3L。(2) 瓶子里肥皂液的体积是80mL。